稻渔综合种养100问

全国水产技术推广总站◎编

中国农业出版社
北 京

编 委 会

主　编：于秀娟（全国水产技术推广总站）
　　　　郝向举（全国水产技术推广总站）
　　　　李嘉尧（上海海洋大学）

副主编：唐建军（浙江大学）
　　　　党子乔（全国水产技术推广总站）
　　　　杨霖坤（全国水产技术推广总站）

参　编（按姓氏笔画排序）：
　　　　成永旭（上海海洋大学）
　　　　刘　亚（四川农业科学院水产研究所）
　　　　李　为（中国科学院水生生物研究所）

李京昊（上海海洋大学）

张堂林（中国科学院水生生物研究所）

陈　欣（浙江大学）

钱　晨（上海海洋大学）

高　辉（扬州大学）

黄　锦（上海海洋大学）

窦　志（扬州大学）

前言

PREFACE

我国稻田养鱼历史悠久，约有2000年历史，是我国灿烂的农耕文化的重要组成部分。但由于生产力低下，长期以来稻田养鱼发展缓慢。新中国成立后，在政府有组织有序推动下，稻田养鱼快速发展。随着规模扩大和生产水平提高，本世纪初，稻田养鱼推进到稻渔综合种养发展新阶段，由低水平的自给型农业生产向适度规模经营和产业化发展转变。尤其是十八大以来，稻渔综合种养产业蓬勃发展，种养规模持续壮大，发展质量效益和竞争力稳步提升。2021年，全国稻渔综合种养面积已达260万公顷，水产品产量356万吨，在稳定水稻生产、保障粮食安全，拓展渔业发展空间、保障水产品稳定供给，促进农业增效农民增收中发挥了重要作用。

但长期以来，稻渔综合种养的发展始终伴随着社会对于水稻生产可持续发展的担忧。稻渔综合种养生产为什么要挖沟坑？能不能不挖沟坑？稻渔综合种养是否影响粮食安全？如何保障粮食安全？稻渔综合种养对稻田土壤土质有什么影响？发展稻渔综合种养是否加剧水资源短缺？这些问题反映了社会对发展稻渔综合种养的关注和新要求。

为增进社会对稻渔综合种养的了解，营造良好的发展环境，普及稻渔综合种养基础知识，全国水产技术推广总站组织国内水产养殖、水稻种植、农业生态等方面的专家学者，总结了100个问题并予以解答，同时将科学、权威、准确的知识融入插图中，力求通俗易懂、生动活泼，易于理解和传播。

由于编者水平有限，疏漏和错误在所难免，恳请广大读者批评指正。

编　者

2022年6月

目　录
CONTENTS

种养模式篇

生产效益篇

产业发展篇

关键技术篇

基础知识篇

1.什么是稻渔综合种养?

稻渔综合种养是为适应新时期现代农业农村发展要求，以稳定水稻生产、促进渔业发展为目标，在继承原有稻田养殖经验和技术基础上，创新发展的一种现代生态循环农业模式。该模式利用生物互利互惠和资源互补利用等生态学原理，对稻田浅水生态系统进行适度工程改造，构建稻渔共作轮作系统，通过水稻种植与水产养殖、农艺和渔艺的融合，实现稻田集约利用，能在稳定水稻生产前提下，额外产出优质水产品，大幅度提高稻田经济效益，提升产品质量安全水平，改善稻田生态环境。

2.稻渔综合种养的理论基础是什么?

稻渔综合种养依据动、植物分居不同生态位的原理，将水产动物引入稻田，构建水稻与水产动物互惠共存的复合群体和复合稻田生态系统。其稻渔系统的构建和作用的发挥主要依赖于生物种间互惠、资源互补利用和水稻群体边际效应等生态学原理。

一是水稻和水产动物间的互惠作用。一方面，水稻为水产动物提供良好的生长环境（如夏季高温天气因水稻遮阳而降低水温），促进其生长活动；另一方面，水产动物可为水稻减轻病虫草等危害。二是水稻和水产动物对资源的互补利用。水产动物可以利用稻田的天然饵料资源（比如花期稻花落田成为水产动物的饵料），并通过生长活动疏松土壤，促进水体溶氧和土壤肥力的释放，其排泄物又可作为有机肥料被水稻吸收利用。三是水稻边际效应的增产作用。边际效应是指在作物大田边行（边1～3行）上的作物因占有更多的空间和营养条件而生长发育较群体内部各行表现更好，在同样密度下，边行单株产量大大高于内部各行单株的现象。稻渔综合种养通常需要布设沟坑，从而产生更多边行，其边际效应可以在一定程度上弥补水稻种植面积减少导致的减产。

3.什么是稻田养鱼？

稻田养鱼一般指在稻田中放养鲤鱼、鲫鱼等常规鱼类或本地土著鱼类的一种传统的水产养殖生产方式，其实质是利用稻田浅水环境养鱼，属于水产养殖的范畴。

4.稻渔综合种养和稻田养鱼有什么区别?

稻渔综合种养是为适应新时期现代农业农村发展需要，在传统稻田养鱼基础上形成的一种农渔业复合生产方式。由稻田养鱼到稻渔综合种养，既有传承又有创新发展，二者有明显区别。一是发展目标不同。稻田养鱼的主要目的是在种植水稻的同时，养殖水产品，以提高经济效益。稻渔综合种养的目的是在稳粮促稻基础上，促进水稻栽培和水产养殖的平衡，并充分考虑稻田生态系统的维持，从而全面提高经济、生态和社会效益。二是作业方式和技术不同。稻田养鱼主要是在稻田浅水环境应用传统的水产养殖技术。稻渔综合种养是在稻田养鱼技术基础上，融入现代水稻种植技术、水产养殖技术、农业机械化技术、农业信息化技术、农业工程技术等，打破种植业和水产养殖业之间的“壁垒”，实现二者有机融合的一种复合型生态高效种养生产方式和技术。三是理论依据不同。稻渔综合种养是在稻田养鱼共生互促理论基础上，充分利用和发展稻田生态学、水产养殖生物学和生态学、病虫害生物防治等理论和技术，促进稻田各类生态资源和物质能量的充分利用。

5. 稻田养鱼是如何发展为稻渔综合种养的？

我国稻田养鱼历史悠久，东汉时期即已出现在汉中盆地。但由于生产力低下，稻田养鱼两千年来一直处于自然发展状态。新中国成立后，“稻田养鱼”得到党和政府的高度重视和系统有序推进。1953年第三届全国水产会议号召试行“稻田兼作鱼”；1954年第四届全国水产工作会议正式提出了“鼓励渔农发展和提高稻田养鱼”的号召。十一届三中全会后，随着农村家庭联产承包责任制的建立和完善，稻田养鱼迅速发展。1983年，农牧渔业部召开全国第一次稻田养鱼经验交流现场会；1984年，国家经委把“稻田养鱼”列入新技术开发项目，在全国广泛推广。1994年，农业部印发《关于加快发展稻田养鱼　促进粮食稳定增产和农民增收的意

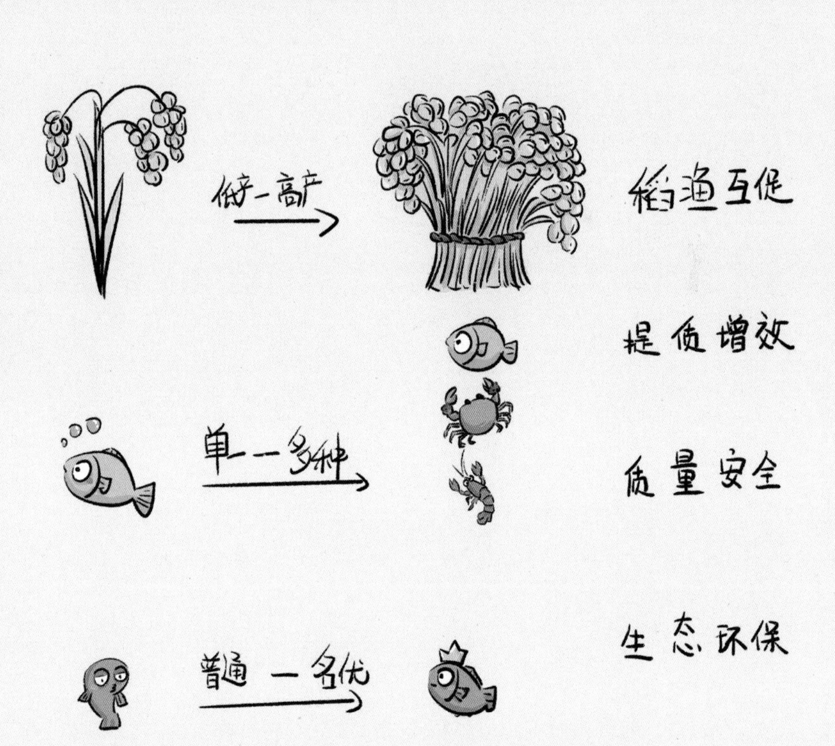

见》。至2000年，我国稻田养鱼面积已有2 000万亩*。生产上的深入实践伴随技术上的广泛探索，20世纪80年代后，“稻鱼共生”理论被提出并逐步得到丰富完善，“稻田养鱼”逐渐形成了较为完整的技术体系，稻田养鱼开始由平板式粗放低产模式向沟凼结合、沟塘结合、高埂深沟、垄稻沟鱼等高产高效生产模式转变，由单一品种养殖向多品种养殖，特别是名特优品种养殖转变。进入21世纪后，在理论发展、技术进步和生产实践的推动下，各地形成了一批稻鱼、稻蟹、稻虾等特色鲜明、效益显著的典型种养模式，稻田养鱼推进到稻渔综合种养发展新阶段，“稻渔互促、提质增效、质量安全、生态环保”成为这一时期突出特征。

* 亩为非法定计量单位，15亩=1公顷，下同。——编者注

6. 稻田养鱼/稻渔综合种养的发展有什么经验和启示？

稻田养鱼发展成为稻渔综合种养的过程并非一帆风顺，而是在探索中发展，在曲折中前进，经历了“三起两落”。1959年，全国稻田养鱼面积突破1 000万亩，此后因家鱼人工繁殖技术未大面积推广应用，鱼苗供应受限；加上农药的大量使用，使水稻种植和水产养殖发生了矛盾，稻田养鱼形势急转直下。直到20世纪70年代末，水产业重新受到重视，家庭联产承包责任制的出现和普遍实行，以及稻种改良和低毒农药的应用，为这一产业注入了新的发展动力。2000年，我国稻田养鱼突破2 000万亩，成为世界上稻田养鱼面积最大的国家。21世纪后，稻田养鱼推进到稻渔综合种养发展新阶段。但由于对生产实践中农渔民开挖鱼坑、鱼沟没有限制，生产实践重渔轻稻、以渔占稻情形在部分地区时有发生，引起了社会对水稻生产可持续发展的普遍担忧。自2004年起种养面积开始下降，2011年下降到1 800万亩。2011年后，“以稻为主，稻渔互促”的发展理念逐渐成为业内外的广泛共识，规范化和标准化生产为产业发展争取了宽松有利的环境，产业规模迅速扩大，近年来连创历史新高。2020年，“全国稻渔综合种养发展提升现场会”对稻田养鱼和稻渔综合种养发展的历史经验教训进行了总结，指出要坚持“稳粮增收、不与粮争地”这个根本原则，发挥好提质增效方面的优势，处理好“稻”和“渔”、“粮”和“钱”、“土”和“水”、“一产”和“三产”、产业发展和科技支撑、积极推动和农民意愿等方面的关系，推进稻渔综合种养产业规范高质量发展。

以粮为主，稳粮促渔

7. 当前我国稻渔综合种养发展到了什么阶段？

近年来，我国稻渔综合种养产业蓬勃发展，产业规模持续扩大，产业发展质量和效益同步提升，技术模式创新发展，规模化和组织化程度不断提高，规范化和标准化生产水平进一步提升，新业态不断涌现，多功能拓展和新要素价值日益凸显，品牌化、产业化和区域化发展步伐加快。2021 年，全国稻渔综合种养面积达 3 966 万亩、水产品产量达 356 万吨。在政府大力推动和业界共同努力下，目前，我国稻渔综合种养发展走出了一条产出高效、产品安全、资源节约、环境友好之路，进入了高质量发展阶段。

稻渔综合种养面积
3966万亩

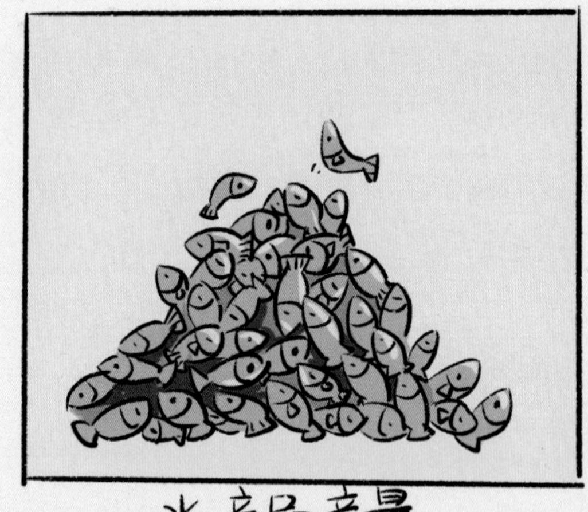

水产品产量
356万吨

技术要求篇

8.开展稻渔综合种养生产需要遵循哪些技术要求?

2017年，中华人民共和国水产行业标准《稻渔综合种养技术规范　第1部分：通则》(SC/T 1135.1—2017)(以下简称《通则》)发布实施，明确了沟坑占比、水稻产量、肥药减量施用等重要技术指标和要求，为稻渔综合种养产业发展提供了基本遵循。2019年《农业农村部办公厅关于规范稻渔综合种养产业发展的通知》、2020年《国务院办公厅关于防止耕地“非粮化”稳定粮食生产的意见》、2021年《农业农村部关于推进稻渔综合种养产业高质量发展的指导意见》以及各地在制定本地区政策文件时，均提出发展稻渔综合种养要遵循《通则》中相关技术指标和要求。其中，沟坑占比高限和水稻产量低限是最重要的技术要求：①沟坑占比不超过种养面积的10%；②水稻平原地区亩产量不低于500千克、丘陵山区亩产量不低于当地水稻单作平均产量。

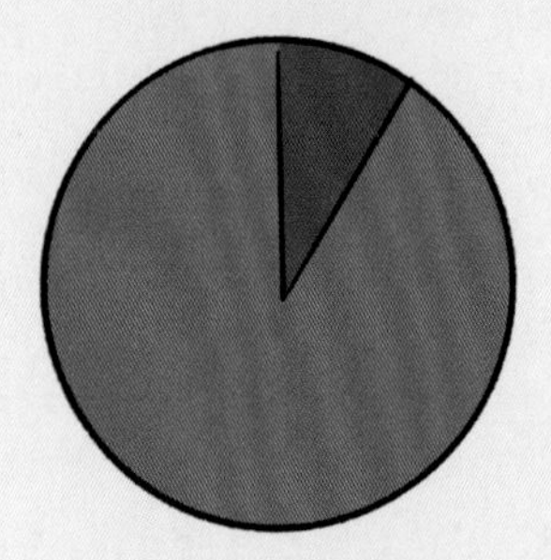

9. 什么是沟坑?

稻渔综合种养中的沟坑特指用于水产养殖动物活动、暂养、栖息等而在稻田中开挖的宽度明显超过行距空间的沟和坑（包括条状的沟和矩形或圆形的坑）。

10. 为什么要挖沟坑?

沟坑是稻渔综合种养体系中水产动物的重要活动场所，以及水稻晒田、施药、收割期间水产动物的临时避难所。沟坑的设置是在没有创新出完全适宜稻渔共生体系的水稻种植新技术之前，水产养殖主动适应高产水稻灌溉模式要求，兼顾水稻和水产品产量生产策略。

晒田 期间

11.可以不挖沟坑吗?

并非所有的稻渔综合种养模式都需要布设沟坑。很多传统的南方丘陵山区稻鱼共生模式不需要沟坑，或者只挖一点鱼沟鱼溜。稻蟹种养中的扣蟹养殖也可以不设置沟坑。以往由于沟坑面积过大而被诟病的稻虾种养，近年来随着技术和模式创新，商品虾养殖已经可以少挖甚至不挖沟坑，如安徽省霍邱县的原生态稻虾种养模式、江西省大力推广的无环沟稻虾种养模式。出于粮食安全和耕地保护的考虑，少挖或不挖沟坑是今后稻渔综合种养最重要的研究方向和发展趋势。

12.沟坑有哪些类型？

环沟+"十"字形田间沟

环沟+"十"字形字田间沟+鱼坑

沟坑包括边沟、田间沟、鱼坑（鱼凼）等多种形式。常见的边沟有环形、条形等，常见的田间沟有“十”字形、“井”字形等，鱼坑（鱼凼）则多见于稻鱼、稻鳅、稻鳖等种养模式。

13. 生产中什么样的沟坑好？

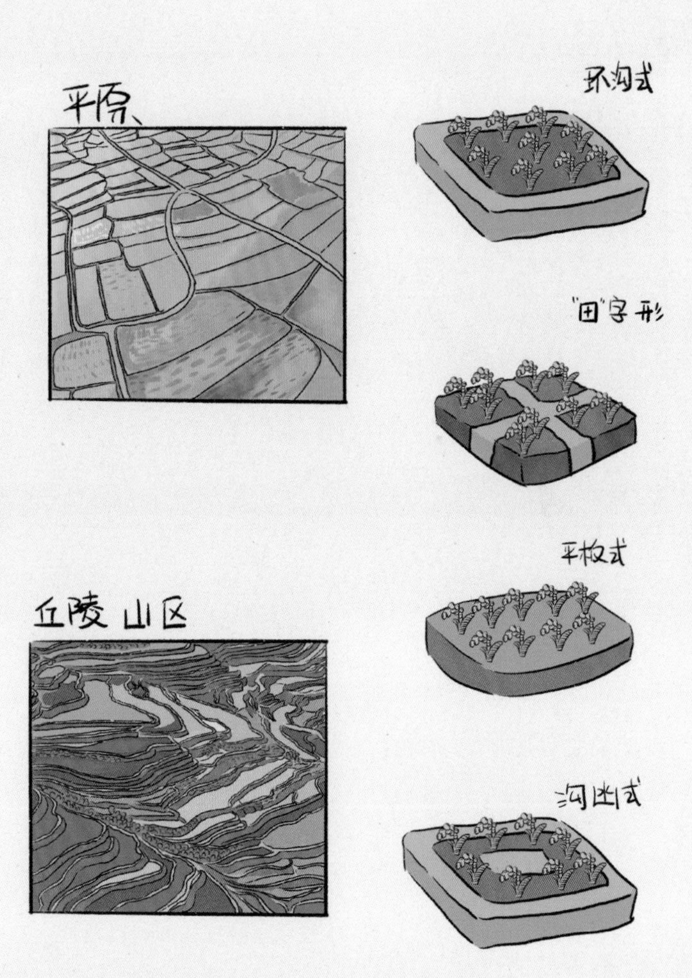

生产实践中，要根据水产养殖品种、田块大小形状，因地制宜选择沟坑类型和组合。以稻鱼综合种养模式为例，平原地区地势平坦、田块集中连片、面积较大，以“田”字形沟、环沟较为普遍。丘陵山区则根据坡度和田块大小形状各有不同，如平板式适宜坡度较大、形状不规则、面积较小的田块或梯田，沟凼式适宜坡度较缓的田块。

14.什么是沟坑占比？

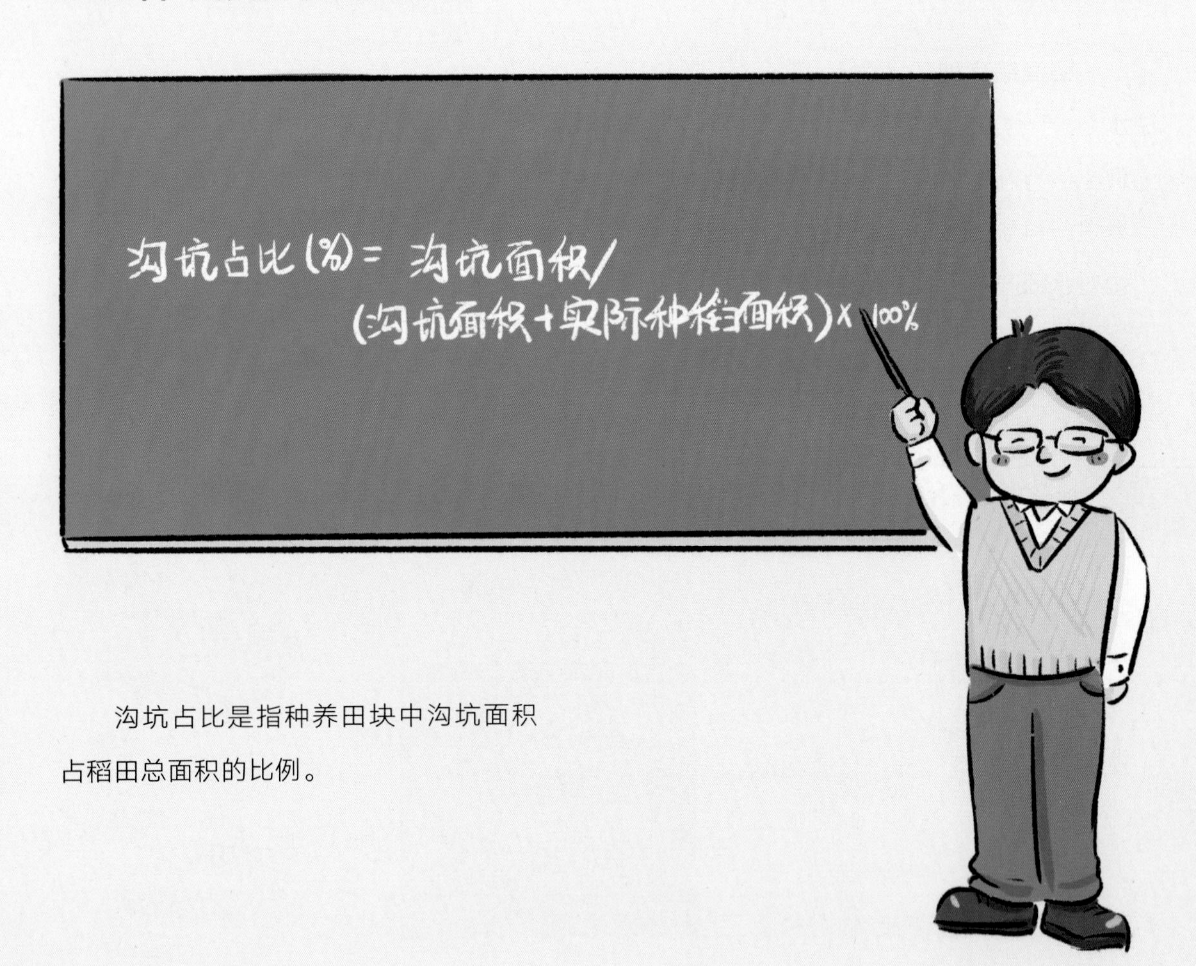

沟坑占比是指种养田块中沟坑面积占稻田总面积的比例。

15.沟坑占比为什么不能超过10%？

稻渔综合种养的首要目标是稳定水稻生产。开挖沟坑会减少水稻实际种植面积，减少水稻产量。但是通过合理选择沟型、沟宽，科学设置沟坑，充分发挥水稻边际效应，可以促进边行水稻增产，弥补因种植面积减少导致的减产。因此在开挖沟坑和水稻稳产之间需要进行科学权衡。大量研究和生产实践证明，在沟型科学合理情况下，沟坑面积在10%以内对水稻产量无明显影响。

16.为什么要设定水稻最低亩产?

众所周知，在人口大国的中国，粮食具有特殊的重要性，但其价格一直不高。长期以来，水产养殖比较效益明显高于常规水稻种植。所以，如果在生产实践中对水稻产量不作最低要求，很容易发生“重渔轻稻”现象，甚至以稻渔综合种养之名，行挖田造塘之实，危及粮食安全。对水稻产量作明确要求，有助于经营主体重视水稻生产，有助于管理部门监督管理，促进稻渔综合种养规范、可持续发展。

17.《通则》中水稻最低亩产的设定依据是什么？

不同地区、不同稻渔综合种养技术模式的水稻亩产水平有较大不同。根据调查统计，东北早熟单季稻稻作区、西部干燥区单季稻稻作区稻渔综合种养水稻亩产较高，华中（华东）、西南等稻作区稻渔综合种养水稻亩产其次，华南双季稻稻作区稻渔综合种养水稻亩产较低。从保障粮食安全角度，综合全国范围的调查统计数据，平原地区亩产500千克是一个相对代表整体生产水平的产量标准，丘陵山区亩产因土壤肥力水平和栽培水平差异较大，难以设定明确的亩产量。从经济效益角度，平原地区亩产500千克处于生产中相对容易实现、效益回报相对理想的产量水平，追求更高的水稻亩产对经营主体管理和技术要求比较高，且投资回报率低，难以真正落地执行。

平原地区亩产500千克代表整体生产水平，在生产中相对容易实现，效益回报相对理想

丘陵山区稻田土壤肥力和栽培水平差异较大，难以设定明确亩产量

18. 为什么要设定水产品最高产量？

稻田空间和天然饵料资源有限，因此对水产养殖动物的承载力也有限。基于稻田自身的条件，根据不同养殖种类的生活习性和生长规律设定其最高产量，从而确定合理的放养密度、精准的配合饲料补充投喂量以及科学的日常管理方法，既可保证养殖对象在养殖过程中健康生长，在获得预期产量同时保障水产品质量，又可减少水稻倒伏风险，并确保水体营养负荷和环境风险可控。

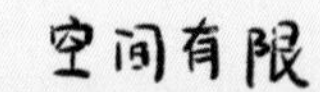

19. 什么是耕作层?

耕作层是指经过多年耕种熟化形成的表土层。耕作层的厚度一般为 15 ~ 20 厘米不等，与下面的层次（犁底层）区分明显，有机质、全氮、碱解氮、有效磷、速效钾等养分含量较丰富，作物根系分布最为密集，土壤为粒状、团粒状或碎块状结构。耕作层由于经常受人为农事活动干扰和外界自然因素影响，其水分状况、理化性状和速效养分含量的季节性变化较大。

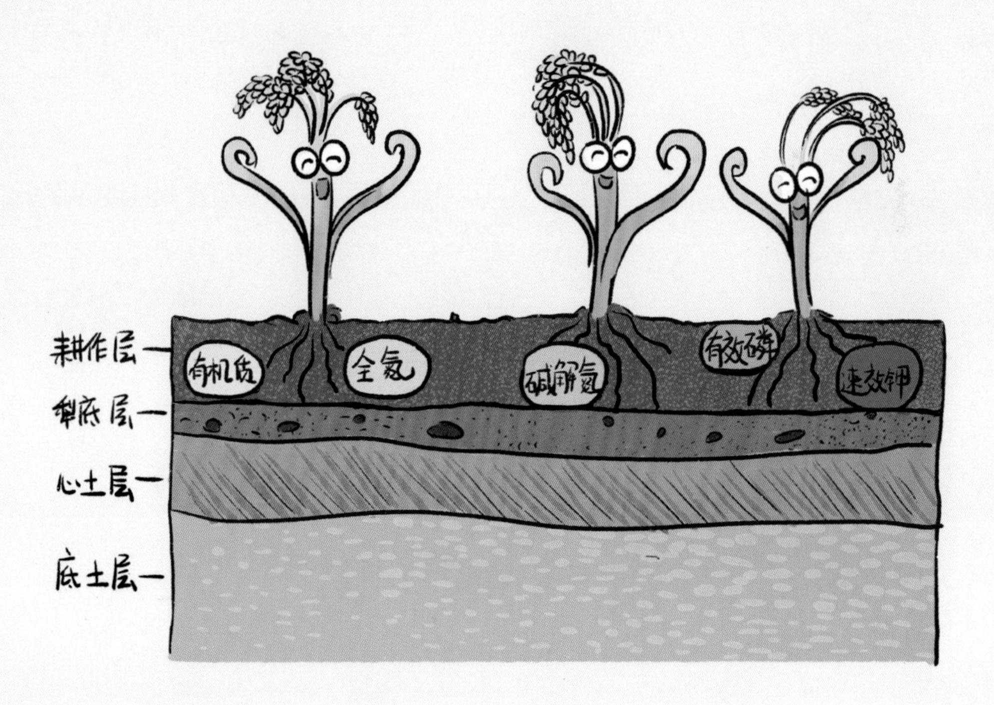

20. 为什么不能破坏耕作层？

耕作层是具有肥力等效应的重要农业资源，是农作物赖以生存的基础，是粮食综合生产能力的根本物质基础。耕作层的形成需要漫长的时间。科学研究表明，自然形成1 厘米厚的耕作层土壤需要数十年的时间。耕作层一旦遭到破坏，则难以在短时间内恢复，可以说耕作层具有一定的不可再生性。

《国务院办公厅关于防止耕地“非粮化”稳定粮食生产的意见》（国办发〔2020〕44号）关于“利用永久基本农田发展稻渔、稻虾、稻蟹等综合立体种养，应当以不破坏永久基本农田为前提”的要求，实际上就包含了稻渔综合种养生产不能破坏稻田耕作层的涵义。

种养模式篇

21.当前我国稻渔综合种养有哪些种养模式?

近年来,各地因地制宜,积极探索引进经济价值高且适宜本地区的养殖品种,结合原有稻作模式和水产养殖方式,创新发展形成了形式多样、内涵丰富的稻渔综合种养技术模式。按品种,可划分为稻虾、稻鱼、稻蟹、稻鳅、稻鳖、稻蛙、稻螺等模式。在单一品种种养模式的基础上,因资源利用率更高等原因,多品种混养种养模式逐渐受到经营主体的广泛关注和青睐。按水产养殖与水稻种植的结合方式,根据对稻田资源的不同利用方式,可划分为空间结合型的共作和时间连接型的轮作两大类,以及“共作+连作”一体模式。通过稻渔综合种养和其他水产养殖方式结合,又形成了生产效率更高的各类复合型模式,如

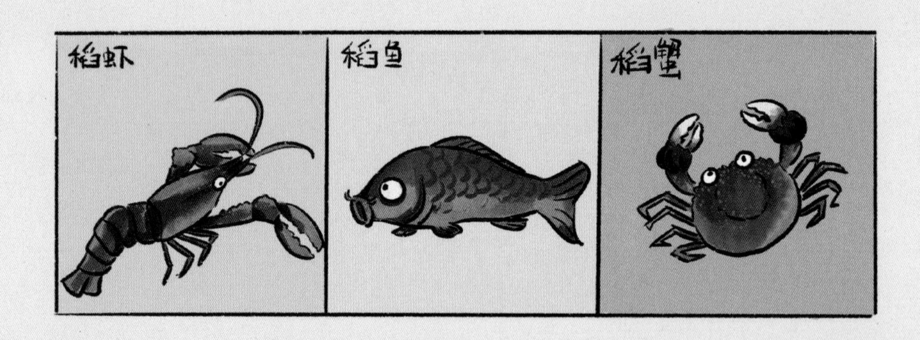

东北地区湖（塘）田接力模式、宁夏“设施渔业+稻渔共作”模式等。按田间工程，可划分为沟坑型、微沟型、平板式等模式。其中，出于保护稻田生产能力和促进水稻生产的考虑，各地发展了各具特色的不挖沟或少挖沟模式，如安徽省霍邱县的原生态稻虾种养模式、浙江省青田县的丘陵山区稻鱼共作模式、江西省的无环沟稻虾种养模式等。按地形地貌，可划分为平原型、山区型、丘陵梯田型等模式，如分布最广泛的稻鲤种养，适宜于各类地形地貌。

22.什么是共作？

共作是在同一稻田中、同一时段内种植水稻和养殖水产动物的生产方式。共作属于空间立体型生态种养。

23.什么是轮作?

轮作是在同一稻田中有顺序地在季节间或年间轮换种植水稻和养殖水产动物的生产方式。轮作属于时间连接型生态种养。两种生物群体在不同的时间段里占用稻田空间。

24.共作和轮作各有什么优缺点?

共作的优点：水稻可为养殖动物提供栖息生境和天然饵料，养殖动物的活动在一定程度上减少病虫草害发生，产生的代谢废物可为水稻利用，二者实现互利共生，生态和经济效益显著。缺点：同时管理水稻种植和水产养殖，技术难度大；水稻和水产养殖动物共生，需要长时间保有水层，对水稻的抗倒伏性和稻田水质提出了更高要求，对水稻栽插机械也有要求；适宜共作的水产品种有限。

轮作的优点：水稻种植和水产养殖错时进行，农事操作和管理简单；水稻种植上适宜应用的品种、栽插方式、肥料和农药等选择余地大，水产品种的选择余地也较大。缺点：同一空间利用率和产出效率不及共作；稻田长期淹水，影响土壤结构和肥力；水稻种植中肥料和农药用量、水产养殖中饵料用量容易偏多；容易产生重渔轻稻现象，在茬口衔接中，水产养殖不让茬，导致水稻栽插偏晚，产量不稳。

25.稻虾种养主要分布在哪些地区？

主要分布于长江中下游平原地区，即湖北、湖南、安徽、江西、江苏5省。该地区属于亚热带季风气候，年降水量1 000毫米以上，年平均气温16 ~ 18℃，河网密布、湖泊众多，水资源极其丰富，同时拥有大量低湖田、冷浸田和冬闲田，为稻虾种养发展提供了得天独厚的资源条件。2021年，上述5省稻虾种养面积约1 900万亩，占全国稻虾种养面积的86%。

26.稻鱼种养主要分布在哪些地区？

稻鱼种养在我国广泛分布，但主要分布于南方丘陵山区，包括西南地区的四川、贵州、云南大部分地区，华中地区的湖南西部和南部，华南地区的广西和广东北部，华东地区的浙江西南部、福建西北部和安徽南部。我国稻田养鱼最早即起源于南方丘陵山区。21世纪以来，经过现代水稻种植、水产养殖技术的改进和融合，以及田间工程等配套技术的支撑，稻田养鱼发展为稻鱼种养。上述地区继续保持了绝对领先优势。2021年，四川、贵州、湖南、云南、广西5省稻鱼种养面积约1 250万亩，占全国稻鱼种养面积的82%。

27. 稻蟹种养主要分布在哪些地区？

我国河蟹主要包括辽河水系和长江水系两个种群。受种群资源影响，稻蟹种养也主要分布于东北地区（辐射到华北、西北地区）和长江下游地区。2021年，东北地区的辽宁、吉林、黑龙江，华北地区的天津，西北地区的宁夏等5省（自治区）稻蟹种养面积约210万亩，占全国稻蟹种养面积的87%。

28. 稻鳅种养主要分布在哪些地区？

稻鳅种养适应性广，在全国广泛分布。湖北、安徽、湖南、广西、陕西5省（自治区）稻鳅种养面积和水产品产量约占全国稻鳅种养面积和水产品产量的九成。浙江和江西两省稻鳅模式亦有一定规模。

29. 稻鳖种养主要分布在哪些地区？

稻鳖种养主要分布于长江中下游地区，安徽、湖北、江西、浙江、广西等省（自治区）规模较大。其中浙江省稻鳖共生发展较早。

30. 稻螺种养主要分布在哪些地区？

稻螺种养主要分布于华南的广西、华东的安徽和浙江、西南的四川和重庆等地。其中，广西壮族自治区稻螺种养的面积和水产品产量占全国稻螺种养的六成左右，这与广西著名的螺蛳粉产业有密切的关系。

31. 稻蛙种养主要分布在哪些地区？

稻蛙种养在长江流域和西南地区发展较好，并形成一定规模。其中，湖南、江西、四川、贵州、湖北等省稻蛙种养规模较大。

32. 平原型和山区丘陵型种养有什么区别？

平原地区稻田田块平整、集中分布，普遍面积较大，适宜田间工程改造，单位面积养殖承载量大，适宜养殖品种多，养殖动物生长周期长、生长速度快，单产较高，同时生产标准化和规模化程度容易提高。山区丘陵稻田田块较小且分散，田间工程改造难度大，且水温较低，水中生物资源相对缺乏，单位面积养殖承载量小，适宜养殖品种主要是不会打洞、耐低氧能力较好的杂食性鲤鲫鱼和当地土著鱼类，养殖动物生长周期短、生长速度慢，单产较低，不利于提高生产标准化和规模化水平。简言之，平原地区易规模化开发；丘陵山区梯田更多的是传统的原生态做法，成本低，偏向于广种薄收，投入少，可持续性强。

平原型
养殖承载量大
单产较高
适宜养殖品种多
山区丘陵型
养殖承载量小
投入少
成本少
生长周期短速度慢
单产低

33. 当前稻渔综合种养模式创新发展的方向是什么？

一是更加注重粮食安全和耕地保护，由沟坑型种养模式向微沟型、平板式等种养模式发展；二是更加注重资源利用效率，由单一品种种养模式向多品种混养种养模式发展；三是更加注重生产效率，由稻渔综合种养单一模式向稻渔综合种养+其他水产养殖方式结合的复合型模式发展；四是更加注重精准生产，由繁养一体模式向繁养分离模式发展。

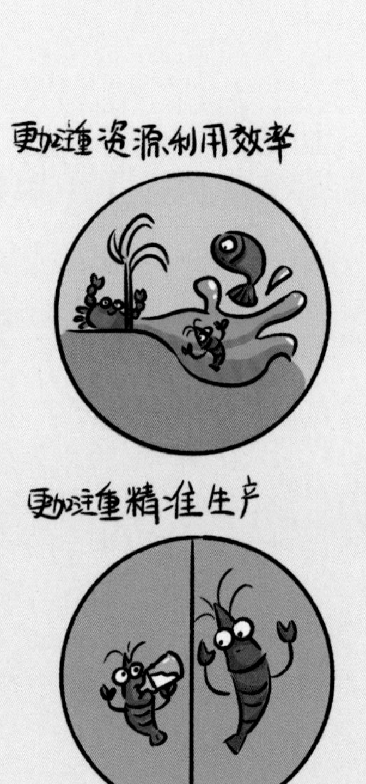

34.什么是多品种混养种养模式?

在稻田主养单一水产养殖品种基础上，搭配若干适宜稻田环境、经济价值较高的养殖品种，利用混养品种在食性、生活习性等方面的互补特点，提高稻田资源利用效率的一种生态立体种养模式，如稻-虾-鳜、稻-虾-鳅、稻-蟹-青虾、稻-鱼-螺等综合种养。

35.多品种混养种养模式和单品种种养模式相比有什么优缺点?

优点：一是遴选搭配混养的品种一般具有不同的生活空间和营养生态位，彼此不在同一食物链上，不构成捕食和被捕食的关系，可充分利用稻田水体空间和天然饵料资源，且生长周期一般不同，更有利于稻田的综合利用，单位面积水产品产出更多；二是多品种混养更有利于水稻病虫草害的生态防治，减少农药的使用，保护稻田生态环境，提升水稻和水产品质量。

缺点：主要体现在技术难度大，生产操作流程复杂，生产周期长，管理成本高，一般不建议初学者采用。

36. 什么是复合型模式?

稻渔综合种养本身即是一种复合高效农业生产方式，狭义的理解是指在稻田同一空间内水稻种植和水产养殖的多维耦合，广义的理解包括稻渔综合种养和其他水产养殖方式的有机结合，综合利用稻田和其他养殖空间，如东北地区湖（塘）田接力模式、宁夏“设施渔业+稻渔共作”模式等。实际操作尺度在南北稻作区可能有较大差异。

37.复合型模式有什么优点？

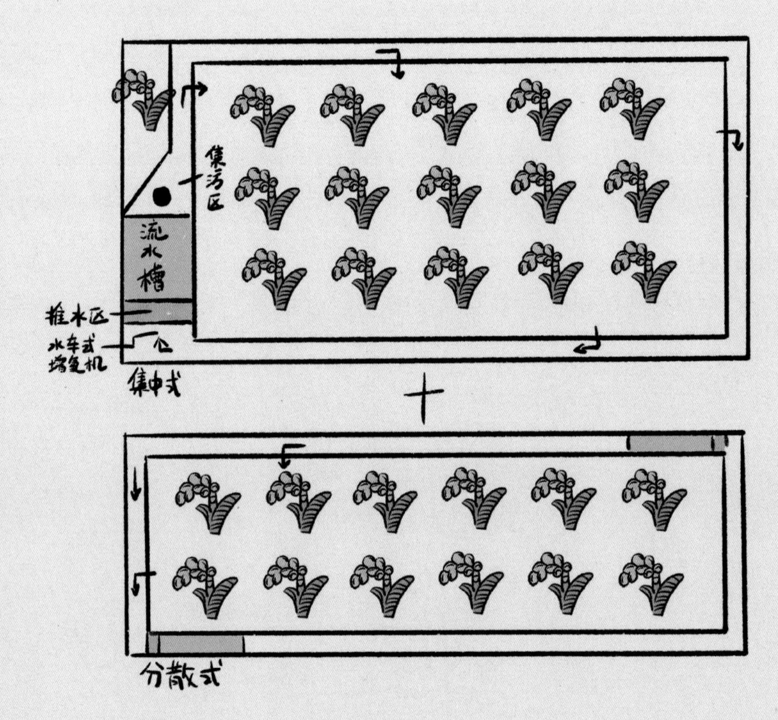

稻渔综合种养本身即兼具显著的经济、社会和生态效益，通过稻渔综合种养和其他水产养殖方式的有机结合，既有助于解决稻渔综合种养生产中水稻种植和水产养殖的矛盾，又可以提高资源利用率和生产效率，减少农业生产面源污染的风险。如东北地区湖（塘）田接力模式解决了东北地区扣蟹供应和水稻插秧茬口衔接的矛盾，宁夏“设施渔业+稻渔共作”模式有利于提高水资源利用效率。

38.什么是繁养一体模式?

繁养一体模式是指小龙虾苗种繁育和成虾养殖在同一田块的种养模式。种养户新发展的种养田块，往往仅在第一年引进苗种，之后通过自繁自育获取苗种，每年再根据需要补投少量苗种。繁养一体模式“一年放苗、多年收获”，技术简单，受到种养户的广泛欢迎。但繁养一体模式下常年捕大留小的苗种供给方式，造成小龙虾种质的小型化负向选择，且由于近亲繁殖概率高，造成近交衰退，最终导致种质资源退化，小龙虾规格小、生长缓慢、抗病力低下，影响产业可持续发展。

39.什么是繁养分离模式?

繁养分离模式是指小龙虾养殖周期中把苗种繁育和成虾养殖两个环节分开，在不同场所进行生产的种养模式。该模式已在长江中下游地区逐步发展，成为今后稻虾种养的重要发展趋势之一，引领“大养虾”向“养大虾、养好虾”转变。

40. 相比繁养一体模式，繁养分离模式有什么优点？

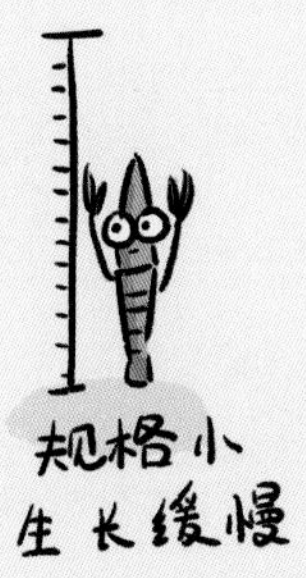

相比于繁养一体模式，繁养分离模式既有利于稳定水稻生产，又可以促进水产养殖。对于水稻生产，一是繁养分离模式成虾养殖区可以不挖沟坑，增加水稻实际种植面积。二是小龙虾苗种繁育在育苗区进行，成虾养殖区不受繁苗时间和茬口限制，可选择生长期长的水稻品种，延长水稻生长期，提高水稻产量。三是小龙虾苗种繁育需要长期淹水，成虾养殖区不需要繁苗，可避免长期淹水造成土壤潜育化，同时育苗区和成虾养殖区可定期轮换。对于水产养殖，一是繁养分离模式育苗区为小龙虾良种选育、提升种质质量提供了基础条件；二是可以有效调控小龙虾繁育周期，既可以提高小龙虾亲本繁殖性能和同步率，又可以实现错峰供苗；三是可以有效控制繁养分离模式成虾养殖区养殖密度，实现精准养殖；四是可以简化生产管理，节约人工。

41.如何科学评价稻渔综合种养模式的技术性能？

稻渔综合种养模式的技术性能应体现在包括经济效益和生态效益在内的综合效益上。通过与同一区域中水稻品种、生产周期和管理方式相近的水稻单作模式进行对比分析，综合评价其经济、生态和社会效益。其中，经济效益评价包括单位面积水稻产量和产值及其增减、单位面积水产品产量和产值及其增减、单位面积新增成本、单位面积新增纯收入；生态效益评价包括农药、化肥、渔用药物、渔用饲料使用情况，废物废水排放情况，能源消耗情况，稻田生物多样性改良、稻田土壤改良情况；社会效益评价包括水稻生产稳定情况、带动农户增收情况、新型经营主体培育情况、品牌培育情况、产业融合发展情况、农村生活环境改善情况、防灾减灾能力提升情况。

生产效益篇

42. 发展稻渔综合种养是否影响粮食安全?

规范有序发展稻渔综合种养，不仅不会影响粮食安全，反而会促进水稻生产。一是稻渔综合种养“一水两用、一田多收”，通过额外产出优质水产品及稻米生态溢价大幅增加效益，激发了农民种粮积极性，有力稳定了水稻种植面积。稻渔综合种养主产区——长江中下游地区低洼易涝田较多，常因潜育化导致水稻低产。而稻渔综合种养的发展也有力促进了此类低产低效田的开发利用。二是稻渔综合种养有力带动了新型经营主体发展和土地规模集中经营，通过土地的平整和集中开发，原有田埂变农田，水渠、沟坑得到充分利用，原有碎片化土地得以高效集约利用。

43. 生产中有什么措施可以促进水稻稳产？

在稻渔综合种养中，水稻和水产养殖动物共生互惠，水产养殖通过增肥、改土、调水等作用促进水稻生长发育。在生产中，除严格控制沟坑占比不超标，还可以采取以下措施促进水稻稳产。一是充分考虑当地自然和资源条件，选择茎秆粗壮、抗倒伏、分蘖力强、大穗或偏大穗、熟期适宜的水稻品种。二是科学布设沟坑，充分发挥边际效应，并通过宽窄行种植、开沟时移稻两边靠、边行密植等栽培模式，最大限度保证单位面积水稻种植穴数。三是做好茬口衔接，保证水稻有效生产周期。四是重视水肥管理和水位调节，加强病虫草害综合防治。五是水稻秸秆还田利用，促进稻田地力修复与有机质含量提升。

44. 发展稻渔综合种养对渔业有什么意义?

一是有效拓展了渔业发展空间，增加水产品有效供给。近年来，受资源和环境约束趋紧，一些粗放、落后、不环保的水产养殖方式受到限制。如不计算稻渔综合种养，“十三五”末我国淡水养殖水产品产量与“十二五”末相比有所下降，稻渔综合种养的快速发展不但有效稳定了淡水养殖产能，还增加了水产品供给。二是促进水产养殖业供给侧结构性改革，提高发展质量效益。稻渔综合种养通过引进特种水产养殖动物以及生产过程节肥减药等作用，为消费者提供了大量生态优质水产品。如近年来深受消费者喜爱的小龙虾，2021年稻田养殖小龙虾产量220万吨，占小龙虾养殖总产量的83.54%。在种养生产基础上，小龙虾加工流通、美食餐饮、文化节庆蓬勃发展，延长了产业链，提升了价值链，形成全产业链发展的良好局面。

45. 稻渔综合种养的经济效益怎么样？

受价格“天花板”和成本“地板”双重挤压，长期以来，我国水稻生产比较效益较低。而稻渔综合种养通过额外产出水产品，大幅提高了稻田经济效益。据测算，全国稻渔综合种养亩均增收约1 700元。但是不同地区、不同种养模式的经济效益差异较大，如不考虑稻米生态溢价，浙江地区稻鳖种养亩均增收可达万元，而东北地区稻蟹种养亩均增收在千元以内。

46.如何避免“重渔轻稻”？

“重渔轻稻”是指生产实践中少数经营主体过度追求水产品产量，水稻种植为水产养殖让路的现象。其产生的主要原因是稻渔综合种养的增收主要来源于水产品增产，而稻米的价值未得到充分挖掘利用，少数经营主体追求经济利益最大化，忽视水稻生产和综合效益提升。避免“重渔轻稻”应从三方面着手。一是监管上，突出“以粮为主”，加大监管力度，建立长效监管机制，规范稻渔综合种养发展秩序。二是技术上，培育适宜稻渔综合种养的专用型水稻品种，创新水稻绿色节本、高产高效技术，提升稻米产量和品质。三是经营上，充分挖掘渔米的生态价值，通过打造品牌、广泛宣传等，实现渔米产品生态溢价，以优质高价提高附加值，提高稻米对综合效益的贡献，巩固种养业长久发展基础。

47.稻渔综合种养生产对稻田土壤有什么影响?

多数研究表明，稻渔综合种养下，一方面，水产养殖动物活动对稻田土壤起到中耕作用，可有效疏松土壤，增加土壤通透性，既有利于肥力分解，也可以促进水稻根系发育和分蘖。另一方面，水产养殖动物的粪便和未被利用的饵料会增加土壤有机质和养分含量，提升土壤肥力。但稻渔综合种养长期淹水可能会导致土壤潜育化，即土壤处于缺氧环境，产生较多还原物质，高价铁、锰化合物转化为低价状态，有毒物质积累增多，厌氧性微生物活动旺盛，土壤养分转化变慢等。此外，长期饵料投放过量等不科学生产管理，也可能造成环境污染问题。

48. 如何避免稻田土壤潜育化？

土壤潜育化的形成主要是稻田长期淹水，土壤中金属离子被还原成低价状态（亚铁、亚锰等），对水稻产生毒性。要避免或减缓土壤潜育化，可以从耕作制度、水分管理、田间工程等方面着手。耕作制度方面，发展稻渔共作，稻季开展水稻种植和水产养殖，水稻收获后到翌年水稻种植前，种植旱地作物，不占用稻田进行苗种繁育，以此避免稻田长期淹水。水分管理方面，在不影响水产养殖前提下，尽量浅水灌溉，减少稻田深水或半深水持续灌溉时间，在水稻分蘖盛期至灌浆早期进行半深水精准灌溉，同时适当增加晒田频次和时长。田间工程方面，发展起垄栽培等方式，挖沟起垄，高处种稻，低处养殖。

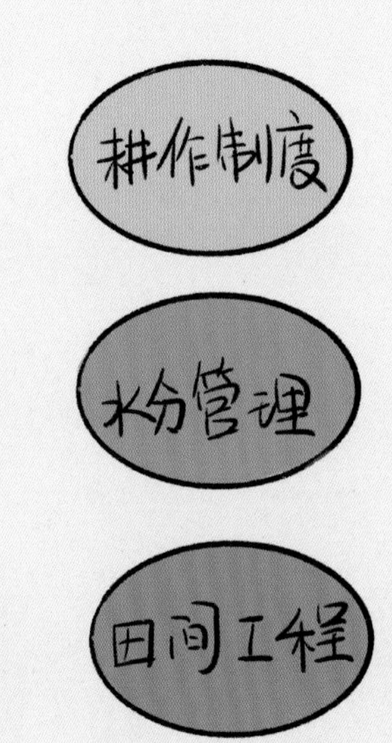

49.相比于水稻单作，稻渔综合种养生产是否会消耗更多水资源？

稻渔综合种养的沟坑多数是周年蓄水，整体蓄水功能远高于普通单作稻田，而且水循环为半封闭式，因此对于水资源的消耗取决于地下水位的高低。研究表明，在一些地下水位低的高磅地、沙壤土、漏水田、滩涂地等，开展稻渔综合种养会增加50% ~ 80%水资源消耗；在地下水位高的低湖田、落河田，稻渔综合种养使用的水资源主要来源于自身涵养的水源，不会明显增加水资源消耗。

此外，稻渔综合种养的意义在于合理地利用空间、土地资源和水资源，实现稻田浅水环境的立体生产。相比普通单作稻田，稻渔综合种养消耗的水资源实现了“一水两用”，不仅未造成水资源的浪费，反而是对水资源的高效利用。在干旱年份，因为有沟坑的存在，储蓄在沟坑中的水能缓解季节性干旱，在保障水稻稳产中发挥积极作用。

50. 稻渔综合种养生产会污染水环境吗？

如果方法得当，稻渔综合种养生产就不会污染环境。稻田是一种人工湿地系统，本身具有较强的净化能力，稻渔综合种养生产中，在合理投放水产养殖动物和科学养殖情况下，通过发挥水稻种植和水产养殖的互利互惠作用，可显著减少农药、化肥使用量，减少农业点、面源污染。

51.稻渔综合种养生产的稻米好不好?

稻渔综合种养可以促进稻米品质提升。一方面，稻渔综合种养生产可以减少稻田病虫草害发生，改良土壤，加上有机肥的使用，稻米的部分品质性状提升。多数研究表明，稻渔综合种养能提高出糙率、精米率、整精米率，降低垩白粒率和垩白度，增加胶稠度，改善食味品质。另一方面，由于化肥和农药使用量减少，稻米的质量安全与品质得到保障。

52. 稻渔综合种养生产的水产品好不好？

稻渔综合种养生产的水产品生态、优质。相较于池塘养殖，稻渔综合种养稻田中的浮游生物等天然饵料资源丰富，稻田环境与野生生态环境相似度更高，水产养殖动物放养密度低，病害较少发生，安全性和肉质两方面均要优于池塘养殖的。例如，稻田鲤鱼肌肉的粗脂肪、粗灰分和系水力均显著高于池塘鲤鱼，更有嚼劲，必需氨基酸、不饱和脂肪酸及高度不饱和脂肪酸含量更高，且组成比例更符合人体需求。稻田养殖的鲤鱼肌肉品质更佳。稻田养殖的河蟹的性腺、肝胰腺和肌肉三个部位中总游离氨基酸高于池塘养殖的河蟹，而肝胰腺的苦味强度却低于后者。

53.稻渔综合种养在促进乡村振兴和打赢脱贫攻坚战中发挥了什么作用?

一是稳定粮食生产。稻渔综合种养“一水两用、一田多收”，通过额外产出优质水产品及稻米生态溢价大幅增加效益，激发了农民种粮积极性，有力稳定了水稻种植面积。据测算，全国稻渔综合种养平均每亩增收约1 700元。此外，长江中下游地区低洼易涝田较多，稻渔综合种养的发展也有力促进了此类低产低效田的开发利用。二是拓展渔业发展空间和促进优质水产品供给。资源和环境双重约束趋紧，一些粗放的、落后的水产养殖方式受到限制，稻渔综合种养的快速发展则有效稳定了淡水养殖产能。此外，稻渔综合种养节肥减药，为消费者提供了大量生态、优质的水产品，有力促进了水产养殖业供给侧结构性改革。三是助力乡村产业振兴和打赢脱贫攻坚战。一些地方政府将稻渔综合种养作为发展县域经济的特色产业，通过培育新型经营主体，推动规模化生产、品牌化经营、产业化发展，提升产业的质量效益，实现了对乡村产业振兴的有力支撑。“十三五”期间，从中央到地方，将发展稻渔综合种养作为精准扶贫的重要产业，通过政策引导和示范推广，促进农渔民脱贫致富，取得显著成效，涌现出了如广西三江、云南元阳、安徽霍邱、湖南辰溪等一批稻渔产业扶贫样板。

稻渔综合种养
产业扶贫示范基地

产业发展篇

54."十四五"期间，稻渔综合种养的发展前景如何？

"十四五"期间，我国稻渔综合种养仍处于重要的发展机遇期，发展前景好。从政策环境看，"十四五"时期是我国乘势而上开启全面建设社会主义现代化国家新征程、向第二个百年奋斗目标进军的第一个五年。民族要复兴，乡村必振兴。产业振兴是乡村振兴的基础和关键。同时，确保国家粮食安全作为治国理政的头等大事，也是农业农村现代化的首要任务。稻渔综合种养具有以渔促稻、质效并重的突出特点，在全面实施乡村振兴战略和确保国家粮食安全的时代背景下，在未来一段时期，稻渔综合种养发展的政策环境将更优、保障更有力。从市场需求看，稻渔综合种养是典型的现代生态循环农业模式，渔米产品质量优、安全有保障。随着我国经济社会的稳定健康发展，我国居民对生态优质农产品的需求和支付意愿将持续增加。从资源条件看，我国常年水稻种植面积约4.51亿亩，且主要集中于华中、华南、西南、东北地区，这些地区水资源相对丰富，具备发展稻渔综合种养的条件。目前我国已发展3 966万亩，仍具有较大的发展潜力。从发展质量看，越来越多的地方政府出台的各类规划将延伸产业链、提升价值链、推进产业化发展作为重要方向，提升稻渔综合种养产业的质量效益在业内外已形成广泛共识。

乡村振兴
产业兴旺

55.稻渔综合种养适宜在哪些地区推广？

理论上，由于我国水产养殖品种资源丰富，水资源丰富的水稻耕作区均有适宜的养殖品种，都可以发展稻渔综合种养。但在生产实践中，要综合考虑粮食安全、土地利用规划、当地产业基础、经济社会发展水平和市场需求，以及投入产出比。因此，发展稻渔综合种养需要根据当地资源禀赋和发展条件，科学引导、合理规划，在采用适用模式的基础上做好科学评估，避免一哄而上、盲目发展。

56.稻虾种养适宜在哪些地区推广？

稻虾种养养殖对象包括螯虾、沼虾等。其中克氏原螯虾（小龙虾）食性范围广、生长周期短、繁殖能力强、抵抗力强，在许多地区均可养殖。小龙虾的最适水温为25 ~ 30℃，低于12℃后停止生长，低于10℃后停止进食，且小龙虾种苗孵化具有积温效应。综合考虑气候和资源条件，长江中下游平原的滨湖地区最适宜发展稻小龙虾种养，河南、四川、广西等地区水源充足、水质良好、土质为壤土或黏土的稻田也较适宜。需要注意的是，小龙虾喜挖洞，不适合在南方山区梯田中养殖，以免造成水土流失。

57.稻鱼种养适宜在哪些地区推广?

稻鱼种养养殖对象多，因此适宜推广范围比较广，在平原湖区、山区、丘陵地区等均可开展。综合考虑投入产出比，以鲤鱼为主的稻鱼种养技术相对简单，不需要太多工程设施，更适宜在山区、丘陵地区推广。

58.稻蟹种养适宜在哪些地区推广？

稻蟹种养养殖对象是中华绒螯蟹（河蟹）。河蟹具有较强的地域性，目前稻蟹种养主要河蟹种群为辽河水系和长江水系河蟹。其中，辽河水系河蟹适宜在东北、西北以及华北北部平原推广；长江水系河蟹适宜在华东、华南、华中、西南以及华北黄淮平原推广。

59. 稻鳅种养适宜在哪些地区推广？

稻鳅种养养殖对象主要是泥鳅和大鳞副泥鳅，其适宜水温为10 ~ 30℃，最适水温为24 ~ 27℃。夏季高于32℃，冬季低于5℃时，鳅会潜伏到泥中进入休眠状态。综合考虑其生态适应性，建议在长江中游地区推广。

60.稻鳖种养适宜在哪些地区推广？

稻鳖种养养殖对象主要是中华鳖。中华鳖属于喜温暖的狭温性动物，生态幅狭窄，易受低温限制，有冬眠习性，适宜在东北、华北北部、西北地区以外的其他稻作区中稻稻田养殖。但稻鳖种养技术难度大，所需投资大，风险高，不适宜小农户开展。此外，中华鳖价格较高，建议在有消费习惯且消费能力较强的地区推广。

61.稻蛙种养适宜在哪些地区推广?

稻蛙种养养殖对象主要是虎纹蛙、黑斑蛙、牛蛙等，这些蛙类适宜生长温度为20～30℃，仅考虑生态适应性，其适宜在南方地区推广。但由于蛙类养殖经济效益比较高，在生产实践中，往往采用高密度养殖方式，挤占水稻生长空间；而蛙类对饲料需求大，排泄物多，容易造成污染，因此对稻蛙种养的推广应审慎进行，并加强监管。

62.稻螺种养适宜在哪些地区推广？

稻螺种养养殖对象主要是中华圆田螺，虽然其在国内广泛分布，但最适生长水温为20～26℃，低于15℃或高于30℃即停止进食。综合考虑其生态适应性，建议在南方和中部地区推广。南方丘陵山区和云贵高原发展潜力大。

63.如何科学评估某地区稻渔综合种养的发展潜力?

稻渔综合种养发展潜力的评估非常复杂，需要综合考虑产业基础、自然资源和气候条件以及社会因素。一般来说，在确保粮食安全的前提下，需要从以下3个方面进行评估：①分析该地区稻渔综合种养产业发展现状和存在问题（包括技术基础，是否有苗种生产等关联产业支撑，是否形成产业化配套服务体系等）；②评估该地区自然资源和气候条件（包括稻田和水资源状况、降水量、气温、无霜期等，以及是否有适宜当地自然资源和气候条件及耕作制度的水稻品种、水产养殖品种）；③评估该地区的流通加工能力、产品消费市场。

64. 盐碱地是否适宜发展稻渔综合种养？

适宜发展。目前，山东、宁夏、内蒙古、黑龙江、江苏等省（自治区）的一些地区相继开展了盐碱地稻渔综合种养，通过引进河蟹、小龙虾、泥鳅等名特优水产品种，带动稻田产业升级，促进农业增效农民增收。我国盐碱地资源丰富，发展稻渔综合种养潜力巨大，但在推广中还有许多技术问题需要解决，其中核心技术问题为适宜水稻和水产养殖品种的选择及恰当配比、成熟种养模式的构建等。

65.稻渔综合种养产业发展趋势和方向是什么？

预计未来一段时间，稻渔综合种养规模将继续稳定扩大，同时面临由快速增长向高质量发展转型升级的重要窗口，发展质量效益将不断提升。生产上，技术模式将不断创新发展，且更加本地化和多元化，生产的规范化和标准化水平持续提升；产业化经营上，新型经营主体占比逐步扩大，生产规模化和组织化程度不断提高，越来越多不同水平、不同规模的产业集群在各地涌现，集群化发展成为主流；融合发展上，种养生产和种业、投入品生产、生产设备制造、加工仓储、商贸流通等上中下游一体化发展，产业链条不断延伸拓展，种养业与餐饮美食、休闲旅游、农事体验、科普教育深度融合，产业融合和新业态蓬勃发展。

66.当前稻渔综合种养发展的主要问题是什么？

一是基础理论研究不足，技术模式亟待升级。生态理论研究对种养模式理论解析和技术创新的指导与支撑不够，尤其是稻渔系统对土壤质量、水体环境和温室气体排放的长期影响等基础研究不足，科研单位正在加快探索中。种养模式和产业化配套技术与稻渔综合种养发展新阶段对稳粮、节水、地力提升的更高要求有差距。种业发展滞后，适宜稻渔系统的水稻品种和水产良种欠缺，目前基本上还是以比较筛选为主，目标性的杂交选配较少。二是产业发展规划的科学性和政策的稳定性不高。许多地区制定了稻渔综合种养发展规划，但有些规划由于前期研究不足，造成规划和当地产业基础、资源禀赋、社会经济发展条件匹配度不高，有些只是简单地将适宜种养的稻田面积作为发展目标，产业发展方向和重点与本地区经济社会发展总体规划以及土地利用、水利建设、城乡发展等规划衔接不够紧密。三是组织化程度不高，与现代农业发展有机衔接不够。部分先发展地区的组织化、规模化水平较高，但全国整体上仍以小农分散经营为主，种养企业、合作社、家庭农场占比较低。在生产环节，小农户缺乏引进先进技术的动力和能力，渔米产品质量良莠不齐，碎片化的稻田也不利于土地等资源的节约利用；在市场环节，分散经营难以形成品牌化和产业化发展合力，无法形成标准化、高质量、有竞争力的品牌和产业。

组织化成度不高.与现代农业发展
有衔接不够
基础理论研究不足
技术模式亟待升级
产业发展规划科学性
和政策稳定性不高

67.如何推动稻渔综合种养高质量发展?

一是科学规划引导。准确把握“国之大者”和产业高质量发展需要，把确保国家粮食安全作为发展的首要任务，以“不与人争粮、不与粮争地”为基本原则，积极落实“稳粮促渔、生态优先、产业化发展”的理念，在全面分析市场需求、资源禀赋、潜力空间的基础上，根据产业集中连片发展需要，做好顶层设计。同时，推动构建完善的政策支持体系。二是强化科技支撑引领。加强跨学科交叉协作和资源整合，为稻渔综合种养提供全产业链技术支撑；围绕稻田土壤保护利用、水资源节约、绿色生产，强化基础理论和关键技术研究；支持适宜种养的优质稳产、多抗广适的水稻品种研发和水产良种选育；加大技术推广力度，促进先进适用技术模式普及应用和科技成果转化。三是推动产业协调、融合发展。鼓励土地向稻渔综合种养新型经营主体流转，推进适度规模经营；加快新型经营主体培育，引导新型经营主体和小散户建立多种利益联结机制，促进形成集中连片、规模化发展的格局；推动区域化和产业化发展，推动构建产加销一体化、多功能充分开发、新业态蓬勃发展的产业化发展机制，形成区域优势主导产业，全面提升产业效益和竞争力。

68. 什么是区域公共品牌？

指特定区域内的某一特色或优势产业集群，经过长期发展、沉淀和成长而形成，具有较高的市场竞争力、良好的声誉和影响力的集体品牌。区域公共品牌既包含区域特征、自然人文和产业特色的集群属性，又具有差异性、价值感和符号化的品牌特性。区域公共品牌一般以“地域名称+品类”命名，如潜江龙虾、盱眙龙虾、盘锦河蟹（品牌价值均超过200亿元）。

69.为什么要打造区域公共品牌?

品牌化是促进农业增效、农民增收和农业高质量发展的重要途径，区域公共品牌是农业品牌化的重要组成部分。相比企业品牌，区域公共品牌具有以下优势：一是有利于资源集中高效利用。区域公共品牌多数由政府推动，依托本地区资源禀赋和产业基础，整合区域内各类资源要素，集中打造优势品牌，资源集中和动员能力高。二是有利于推进标准化生产。通过规范区域内生产者的生产行为，推进标准化生产，有利于产品产量和品质的稳定，夯实产业基础。三是有利于提高规模化和组织化程度。传统的“一家一户”式的农业生产方式难以形成统一品牌。培育区域公共品牌，必须在地方政府的规划指导下，发挥新型经营主体作用，带动千家万户的农民进入产业化进程。四是有利于提高市场竞争力。区域公共品牌可以促进形成区域内独立的价格体系，农产品定价机制由依靠政府向依靠市场转变，实现分级定价、优质优价，对区域内经营主体产生持久正向激励。以小龙虾产业为例，其产业化和品牌化同步发展，2020年，小龙虾全国区域公共品牌（包括地理标志证明商标、地理标志保护产品、农产品地理标志）累计达到21个，覆盖全国36%的小龙虾产量。

70.什么是农业产业融合发展？

农业产业融合发展是以农业一、二、三产业之间的融合渗透和交叉重组为路径，以产业链延伸、产业范围拓展和产业功能转型为表征，以产业发展和发展方式转变为结果，通过形成新技术、新业态、新商业模式，带动资源、要素、技术、市场需求的整合集成和优化重组，甚至产业空间布局的调整。产业融合发展，可以采取以农业为基础，向农产品加工业、服务业顺向融合的方式，如兴办加工厂、发展电商、与乡村旅游结合等；也可以采取依托加工业和服务业向农业逆向融合的方式，如依托大型商超，建立农产品加工或原料基地等。其中，农旅融合发展是一、二、三产业融合发展的典型模式。

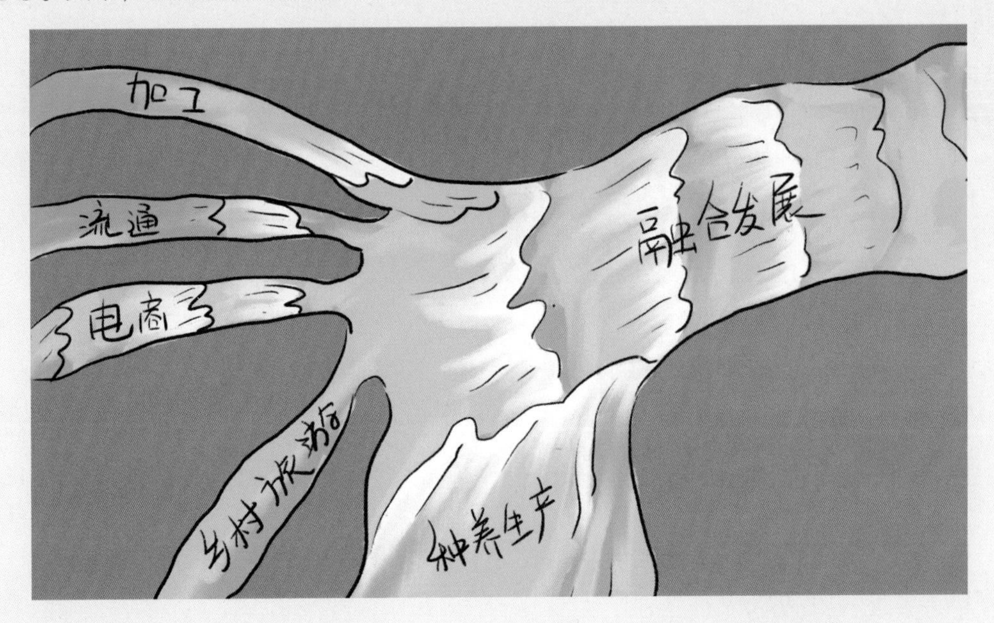

71. 当前稻渔综合种养有哪些典型的农旅融合发展业态和模式？

稻渔综合种养产业链长，价值链高，具有带动产业融合发展的巨大优势。近年来，各地有效运用文化、旅游、休闲等要素，与稻渔综合种养因地制宜、有机融合，稻渔综合种养多功能得以发挥，有效拓展了产业发展空间。在各地探索中，逐渐形成了最为普遍的“稻渔+捉鱼、垂钓、餐饮”的农家乐模式，例如，以宁夏贺兰县“稻渔空间”为代表的“稻渔+休闲观光、科普教育、农事体验、餐饮美食”的休闲渔业园区模式，以及以浙江青田县“稻鱼共生”为代表的“稻渔+农耕文化、渔文化”渔旅文融合发展的特色民俗村镇模式。

72.什么是农业全产业链发展？

农业全产业链发展指围绕区域农业主导产业，推动农业研发、生产、加工、储运、销售、品牌、体验、消费、服务等各个环节和各个主体连接，形成紧密关联、有效衔接、耦合配套、协同发展的有机整体，促进农业从抓生产向抓链条、从抓产品向抓产业、从抓环节向抓体系转变。

农业全产业链是乡村产业发展的“升级版”，农业全产业链发展，形成主导产业带动关联产业的辐射式产业体系，有利于发挥农业的多功能，提升乡村多元价值，有利于拓展产业增值增效空间，让农民更多地分享产业增值收益，有利于提升产业链供应链现代化水平，构建新发展格局。

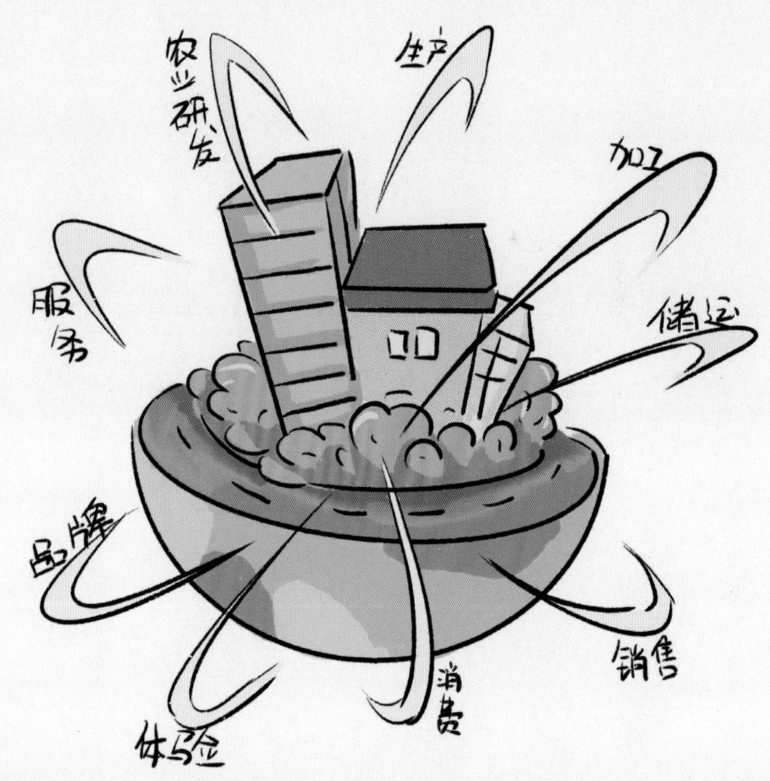

73.当前稻渔综合种养全产业链发展水平如何?

从全国稻渔综合种养整体发展情况看，全产业链发展水平还有待提高。但近年来，部分稻渔综合种养先行区和优势区围绕生产基地建设、仓储保鲜、产品初加工和精深加工、商贸流通等全产业链环节，多方面出台政策，在更大范围、更高层次和更宽领域上聚资源、促发展，发挥产业集群链条完整、体系健全和主体抱团等优势，激发产业链、价值链和功能升级，促进产业深度融合、上中下游一体化发展，推动稻渔综合种养由乡村特色产业升级为县域乃至省域经济的“大产业”。如湖北省以“潜江龙虾”为引领，立足虾稻共作，发展小龙虾加工、调味品加工、饲料加工等加工业，以及冷链物流、餐饮服务、电子商务、生态旅游、文化创意等第三产业，在全省范围内形成了上中下游结构完整、外围支持、体系健全的“大产业”，2021年全省小龙虾产业总产值达1 300多亿元。

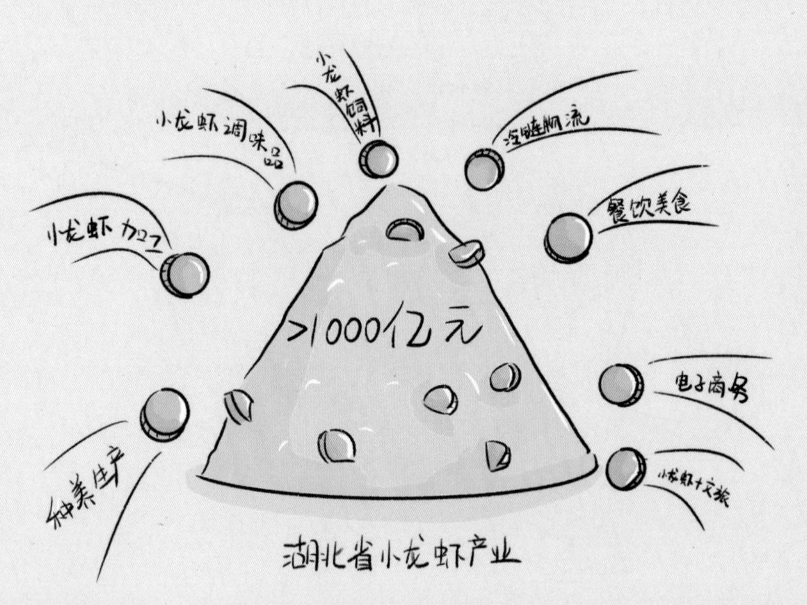

关键技术篇

74.稻渔综合种养生产有哪些关键技术？

稻渔综合种养是水稻种植和水产养殖的有机融合，涉及面广，也更加复杂，其关键技术主要包括：水稻栽培技术、水产养殖技术、田间工程技术、茬口衔接技术、施肥技术、病虫草害防控技术、水质调控技术、捕捞技术、质量控制技术等。

75. 开展稻渔综合种养生产如何选址？

稻渔综合种养生产选址应遵循以下标准：①稻田土壤无污染，环境质量符合《土壤环境质量　农用地土壤污染风险管控标准》（GB 15618）。②稻田水源充足无污染，排灌方便，水质符合《渔业水质标准》（GB 11607）和《无公害食品　淡水养殖产地环境条件》（NY/T 5361）。此外，建议选址在周边环境安静、交通便捷、电力畅通的地方，并尽量集中连片。

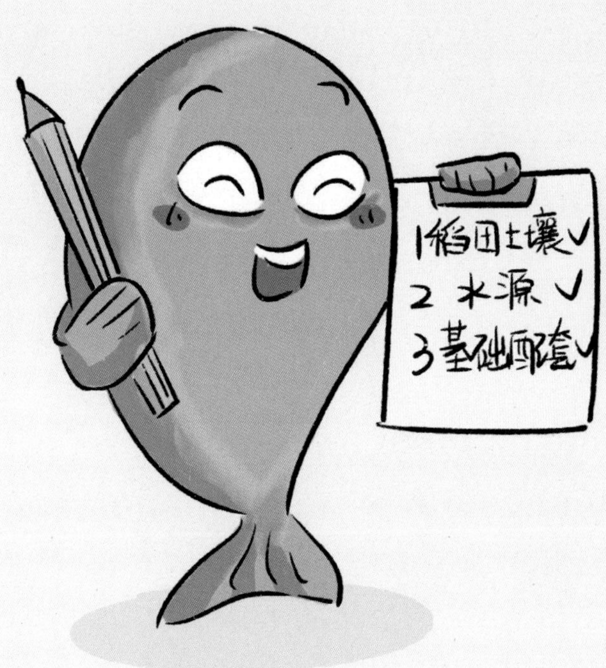

76.什么是田间工程？

田间工程是指为构建稻渔共作轮作模式而实施的稻田改造，包括进排水系统改造、沟坑开挖、田埂加固、稻田平整、防逃防害设施建设、机耕道路和辅助道路建设等内容。

77.建设田间工程有什么要求？

在坚持以粮为主、严格控制沟坑占比的原则下，田间工程应尽量符合以下要求：①做好规划布局，田间工程涉及田、水、路、林、村等各方面，要注意在空间布局上形成整体功能。②尽量在集中连片的稻田开展田间工程，具有一定空间，便于机械化生产作业。③注重保护生物多样性，通过利用田埂、沟渠的生物多样性来控制稻田病虫草害。④确保质量可靠和功能齐全，基本的要求包括田面平整、田埂紧实，有完善的排灌设施和防逃逸、防害设施。

78.什么是茬口？

茬口是指在同一稻田中，不同年份和同一年份的不同季节，安排作物种类、品种及其前后茬的衔接搭配和排列顺序，是稻渔综合种养的关键技术环节之一。

79. 为什么要做好茬口衔接？

根据水稻和水产养殖动物的生理生态特性，在稻渔综合种养中妥善紧密安排茬口衔接，合理安排翻耕、插秧、投苗、蓄水、收获等节点，既有利于充分利用土地和光、热、水等自然资源，又有利于合理均衡使用人力、机具、肥料、农药、灌溉用水等社会资源，提高土地利用率和产出率，确保水稻稳产和水产品均衡供应。

80. 如何选择适宜的水稻品种？

稻渔种养系统具有稻田长期淹水且维持较高水位、水稻种植密度较低、有效穗数偏低等特点。因此在稻渔综合种养实施过程中，应根据稻渔综合种养的特点、本地稻作方式、气候条件、水文条件筛选适用优良水稻品种。一般来说，除生态适应性好、优质丰产多抗等基本要求外，还应尽量选择耐长期淹水和抗倒伏、耐肥性强的大穗型水稻品种。

81. 水稻机插和人工手栽各有什么优缺点?

水稻机插在平原地区优势明显，节省人工，生产效率高，易于大面积栽插作业，所需秧田面积小，节约土地资源。但丘陵山区开展稻渔综合种养，田块分散，面积较小，田面不平整，加上交通不便，不适于机插。此外，宽窄行的栽培模式也不适于机插。人工手栽的优势则体现在不受地域环境和栽培模式限制，同时能充分利用田块边角料，缺苗情况少。

82. 当前有哪些适宜稻渔综合种养的水稻种植方式?

水稻种植方式包括移栽、直播以及抛秧。其中，移栽分为机插和人工手栽。机插在规范化育秧、栽插合格率与群体质量高的条件下，结合大田精确定量管理，可以保障优质丰产。因此，在条件允许情况下，应尽量选择机插。此外，机插又分为毯苗机插和钵苗机插。目前稻渔综合种养水稻种植中应用较多的为毯苗机插，但钵苗机插效果更优。

83.稻渔综合种养对机插有什么特殊要求?

稻渔综合种养的机插和普通水稻单作的机插并无太大区别，主要区别在于播种和插秧时机、栽插苗数和规格等不同。①播种和插秧时机要符合稻渔综合种养的茬口安排，适时播种，培育壮秧。②栽插苗数和规格要根据稻渔综合种养所采用的栽培模式，比如宽窄行和特殊株距，科学合理确定。③农业机械研发部门尚需要根据农艺要求（如宽窄行、大垄双行等）研发和改进相应的机具。

84.为什么要晒田?

水稻是湿生植物，但是水稻需要在干湿得当的情况下才能良好生长。在生长过程中，地下根系生长至关重要。通过间歇灌溉和晒田，实现干湿交替，可以促进根系生长，调节水稻长势，控制无效分蘖。此外，晒田还可以改善田间小气候，防止病虫害发生。

85.稻渔综合种养对晒田有什么特殊要求?

稻渔综合种养生产中，灌溉和水分管理要兼顾水稻生长发育需要和水产养殖动物生存及活动需要。晒田一般在水稻分蘖末期、拔节初期进行，群体须以封行作为基本条件。晒田时要慢慢放水，使养殖对象有充足的时间进入环沟。晒田宜轻晒、短晒，田块中间不陷脚、田面不裂缝和表土发白时即可，时间一般不超过5天。在此期间要注意观察养殖对象状态，发现异常情况，要及时向环沟中加注新水，调节水质，并在晒田后及时复水，以免环沟内养殖密度过大而产生不利影响。

86.稻渔综合种养对施肥有什么特殊要求?

在生产实践中，一些经营主体为追求产品优质生态，不再施肥料，或仅施有机肥。但从整体情况看，当前不施肥料而仅通过投饵和资源循环利用维持水稻目标产量仍有较大困难。因此，要兼顾水产养殖，灵活调整施肥策略。①减少用量。稻渔综合种养的土壤肥力较高，应根据养分周转量科学计算水稻全生育期施肥总量。一般情况下，稻渔综合种养与同等条件水稻单作对比，单位面积化肥施用量可减少30%以上。②减少频次。按照“基肥为主、追肥为辅”的原则，采取合理的施肥策略，或根据测土配方采用缓控释肥一次性施用技术。③一肥多效。应尽量使用有机肥替代化肥，有机肥可以肥水，催生较多的浮游生物，作为水产养殖动物的天然饵料。

87. 稻渔综合种养有哪些常见水稻病害，如何防控？

常见病害包括水稻恶苗病（又名徒长病）、水稻干尖线虫病（白尖病、线虫枯死病）、水稻赤枯病（又名铁锈病，分为缺钾型赤枯、缺磷型赤枯等）、稻瘟病（分为叶瘟、穗颈瘟、枝梗瘟、节瘟）、稻曲病（仅在穗部发生）、纹枯病（由立枯丝核菌侵染引起的一种真菌病害）、胡麻叶斑病（亦称胡麻叶枯病，属真菌病害）、细菌性条斑病（亦称细条病、条斑病）等。对水稻病害的防控应采取预防为主、综合防治的策略。比如选用抗病性强的水稻品种；每2～3年进行一次冬季深耕作业，将土壤中的病菌孢子深埋；通过种子包衣、拌种、浸种等方法防控种传病害；应用健康栽培技术，减施氮肥，平衡施肥，提高水稻抗病害能力等。在水稻病害预防关键期，选用生物农药，必要时也可适量使用高效低毒低残留的化学农药，但注意不得施用含有《水产养殖用药明白纸》中所列禁用兽药化学成分的农药。

88.稻渔综合种养有哪些常见水稻虫害，如何防控？

常见虫害包括稻纵卷叶螟（白叶虫、苞叶虫，一年发生多代）、二化螟（钻心虫、蛀心虫、蛀秆虫，属鳞翅目，分布较三化螟和大螟广，食性杂）、三化螟（钻心虫，属鳞翅目，专食水稻）、稻飞虱（分为褐飞虱、灰飞虱、白背飞虱，属同翅目）等。对水稻虫害的防控策略和对水稻病害防控大体相同，此外应加强生物和物理防控，如在稻田周边种植香根草、芝麻；田间设置性诱剂、糖醋液，或放养蜘蛛；按一定间隔安装频振式太阳能灭虫灯等。

89. 稻渔综合种养有哪些常见水稻草害，如何防控？

稻渔综合种养连作或短期共作模式，其草害种类与常规水稻单作草害大体相同。常见杂草有稗属杂草、鸭舌草、千金子、水苋菜、莎草、野慈姑、矮慈姑（瓜皮草）、节节菜、陌上菜、空心莲子草、丁香蓼、合萌（田皂角）等。稻渔综合种养共作模式，受半深水灌溉影响，一些旱生杂草，如马唐、牛筋草、香附子、水苋菜等发生率下降，稗属杂草、千金子、鸭舌草、节节菜、矮慈姑、丁香蓼、合萌等受影响较小。但总体而言，由于水产养殖动物取食和活动干扰，草害已不再是影响水稻生产的重要因素。此外，在生产中，还可以通过旋耕灭草、人工除草等方式防控草害。

90. 稻渔综合种养如何收割水稻?

水稻收割方式包括人工收割、机械收割（分段收获和联合收获），稻渔综合种养和常规水稻单作基本相同，但无论哪种方式均需收割前排水晒田。有些地方由于水源受限等因素，也会采用带水收获，以防收割后缺乏再灌水源而无法蓄水过冬。因此，对稻渔综合种养而言，收割前需起捕水产品或将水产养殖动物集中至沟坑内。

91.如何选择适宜的水产养殖品种?

一般来说，适宜稻渔综合种养的水产养殖品种应具备生长速度快、养殖周期短等特性，能适应浅水环境（温差变化大、易被天敌发现等），以草食性或杂食性品种为宜。但除养殖对象生物学特性外，具体到某一地区的适宜品种，还要综合考虑当地气候条件、消费习惯、苗种供应难易等因素。

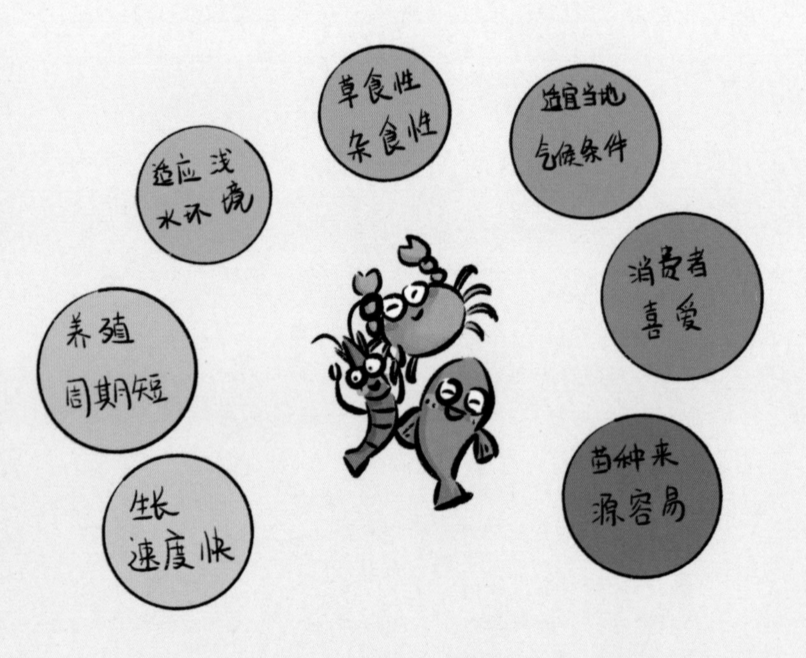

92.苗种投放到稻田应该注意什么?

苗种投放到稻田和投放到养殖池塘的技术要点大体相同，要注意运输水温和稻田水温的温差，调节好水温，主要是做好环境温度过渡；投放前对苗种进行消毒；避免在烈日下或阴雨连绵天气下投放；多点均匀投放等。但和池塘养殖苗种投放不同之处在于可充分利用稻田这一湿地生态系统，苗种投放前可栽植水草，施用腐熟的粪肥或生物肥以增加浮游生物，为苗种提供丰富的饵料。

93.如何调控稻田水质?

稻田水质调控主要是保持溶氧和水体肥力。保持溶氧可以从控制养殖密度、科学投饲、定期清淤消毒、控制水草覆盖度、合理调控水位和紧急增氧等方面着手。培育和保持水体肥力主要是为了提高天然饵料资源量，可以适量施用有机肥。

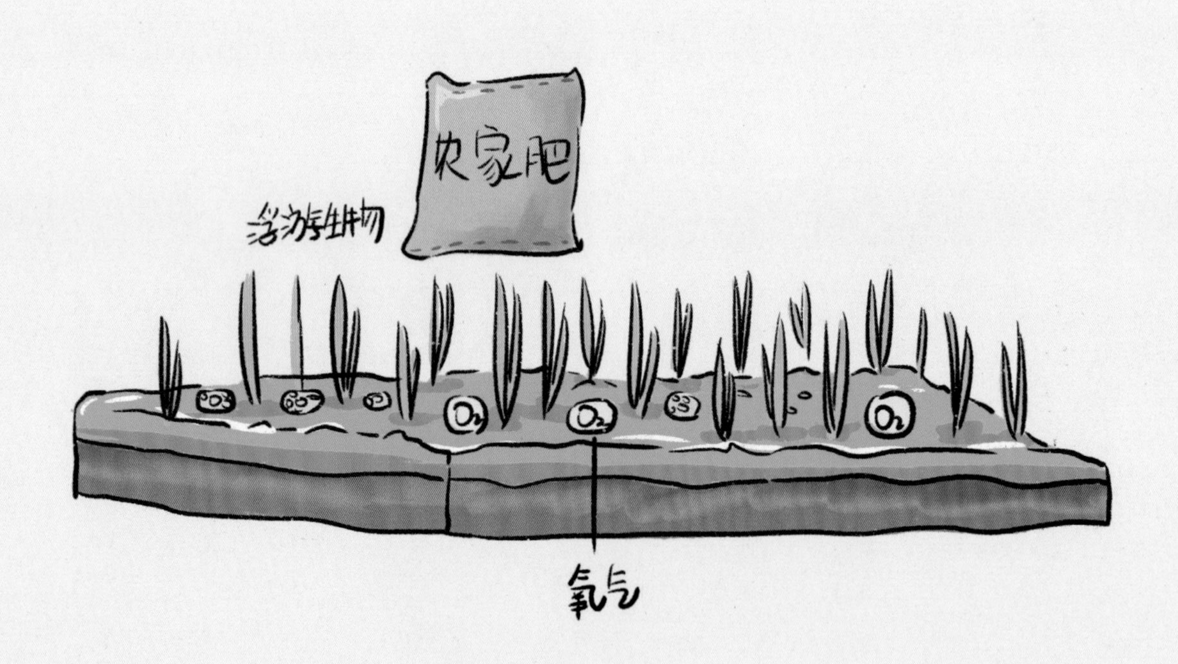

94. 如何调控稻田底质？

稻田底质调控包括稻田土壤调控和沟坑底质调控。稻田土壤调控主要是适当增加晒田时间，必要时使用增氧剂，防止土壤潜育化。沟坑底质调控和池塘底质调控相似，包括一个养殖周期结束后进行消毒（使用生石灰、日晒、翻耕等方式）、及时清淤、有效增氧等。

95. 稻渔综合种养可以投喂饲料吗？

稻渔综合种养可以补充投喂饲料，一般根据养殖对象的摄食特征、发育期和食物来源情况确定适宜的饲料种类。此外，渔用配合饲料应符合相关生产和安全标准，青饲料应清洁、卫生、无毒、无害。

96. 投喂饲料应该注意什么？

稻渔综合种养投喂饲料和池塘养殖投喂饲料相似，按“四定”（定时、定质、定量、定位）法投喂饲料，并遵循“四看”（看水温、水色、天气和养殖对象吃食情况）原则灵活调整。与池塘养殖不同，稻田中有丰富的天然饵料，因而投饲量比池塘养殖要少。为促进水产养殖动物对稻田中天然饵料资源的充分利用，科学确定投饲量，避免投饲过多而破坏稻田生态、污染环境。

97.如何防控水产养殖动物病害?

坚持预防为主、综合防控的原则。一方面，针对病原微生物的防控，如投放苗种前，对田块和苗种进行消毒，生产过程中，及时对生病或病死的水产养殖动物进行打捞、临床观察和镜检，采取相应处理措施；另一方面，要注意改善稻田水体环境，包括及时注入新水、及时增氧。此外，对稻渔综合种养而言，还要防止农药对水产养殖动物产生胁迫，如在喷洒农药时采用叶面喷洒、分区喷洒等方式。

98.稻渔综合种养对使用渔药有什么特殊要求?

稻渔综合种养应尽量不用或少用渔药（即水产养殖用兽药），如确需使用渔药，应使用合法、正规渔药，符合《水产养殖用药明白纸》等有关要求，同时使用的渔药不能含有禁用农药化学成分或对稻田水土环境和水稻生长发育有害的限用农药化学成分，做到科学、规范使用渔药。此外，与池塘养殖使用渔药不同的是，稻田水体流动性差、水层浅薄、容量小，给药时要尽量均匀泼洒。

99. 日常管理包括哪些内容?

坚持每日早晚巡田，及时掌握水稻和水产养殖动物生长情况，采取针对性措施；注意观察养殖对象的活动、摄食等情况，及时调整投饲量，及时捞取发病或病死个体；注意检查进排水口防逃设施是否完好，田埂是否完整，有无鼠害、鸟害等，及时修补或采取相应措施，尤其是在雨天要注意防止漫田；肥料、饲料、药物等投入品使用做好档案记录。

100.稻渔综合种养如何捕获水产品?

由于水产养殖品种不同，应根据养殖对象生物学习性采用相应的捕捞方式。一般采用排水干田、地笼诱捕、网拉等方式，配合光照、堆草、流水迫聚等辅助手段，提高起捕率和成活率。

图书在版编目（CIP）数据

稻渔综合种养100问／全国水产技术推广总站编．—北京：中国农业出版社，2022.11
ISBN 978-7-109-29629-9

Ⅰ．①稻…　Ⅱ．①全…　Ⅲ．①水稻栽培－问题解答②稻田养鱼－问题解答　Ⅳ．①S511-44②S964.2-44

中国版本图书馆CIP数据核字（2022）第113129号

中国农业出版社出版
地址：北京市朝阳区麦子店街18号楼
邮编：100125
责任编辑：王金环　　插图：张琳子
版式设计：李　爽　　责任校对：吴丽婷　　责任印制：王　宏
印刷：北京缤索印刷有限公司
版次：2022年11月第1版
印次：2022年11月北京第1次印刷
发行：新华书店北京发行所
开本：880mm×1230mm　1/24
印张：5
字数：96千字
定价：39.80元
